Moor

Eine norddeutsche Landschaft

Willi Rolfes
Tobias Böckermann

Tecklenborg Verlag

INHALT

VORWORT

„Es war kein gelobtes Land (...) es war ein deutsches Sibirien, wo die Natur mit einem Seitenblick vorüberging, als sie ihre Schätze über die Erde aussäete, und endlich eine Hand voll Buchwaizensaamen mitleidig zur Seite warf. Der luxurierende Boden, der durch seinen bunten Teppich und wogende Saatfelder alle lebendigen Wesen mit Freude und Frohsinn erfüllt, ist hier mit einem Trauerflor überworfen, auf welchem die nährigen Haidebienen den einzelnen Blümchen die letzte Kraft rauben, und den mageren Kühen die verdorrten Stengel überlassen."

Diese Worte fand ein Wanderprediger 1798 für die Moor- und Heidelandschaften Norddeutschlands. Es waren Worte des Mitleides angesichts naturräumlicher Gegebenheiten, die ein Siedeln und Leben in kaum vorstellbarer Müh und Not verhießen. Es waren aber auch Worte, die in ihrer Intention einen lebensfeindlichen Naturraum beschrieben, den es zu kultivieren galt. In der Tat standen die Moore in Deutschland wie kein zweiter Landschaftstyp im Interesse der Urbanitätsbestrebungen, vor allem, seitdem ab 1800 die landwirtschaftlichen Nutzflächen bei steigenden Bevölkerungszahlen zu einem knappen Gut wurden.

Gegenwärtig informieren zahlreiche Museen oder Ausstellungen, Informationsstationen und Moorlehrpfade in ganz Deutschland über geschichtliche und naturkundliche Fragen rund um das Moor; in Niedersachsen wurde im Jahr 2006 zudem der „Internationale Naturpark Bourtanger Moor – Bargeerveen" etabliert. Die Zeitschriftenartikel oder Filmbeiträge die sich der Flora und Fauna der Moore auch in populärwissenschaftlicher oder unterhaltender Form widmen, gehen in die Hunderte. Innerhalb dieser doch so disparaten Informationsvielfalt kommt einem Medium bis heute eine besondere Bedeutung zu: der Fotografie.

Seit Bestehen dieses Genres befassen sich unzählige Fotografen mit der Naturlandschaft Moor, seiner Flora und Fauna, mit den kargen Weiten dieses einzigartigen Lebensraumes. Und überall da, wo der Mensch bereits mit Eingriffen in diese Naturlandschaft wirken konnte, galt das Augenmerk auch den Arbeits- und Lebensbedingungen der Moorsiedler und Torfarbeiter, ihren Frauen und Kindern.

Auch heute noch ist das Thema Moor in der Fotografie in! Dies ist nicht nur an der Vielzahl der Veröffentlichungen abzulesen. Unzählige Workshops begeistern Fotografen für den Naturraum Moor, die Anzahl der im Internet abrufbaren Fotografien zum Gegenstand ist kaum mehr zu übersehen. Doch Kontinuität ist vielen dieser Fotobeiträge fremd. Eine Ausnahme bilden die fotografischen Arbeit von Willi Rolfes, der seit Jahrzehnten immer wieder einen ganz besonderen Fokus auf die Flora und Fauna der Nordwestdeutschen Moore legen konnte. Unzählige Fotoreportagen, Beiträge in Fachzeitschriften, Publikationen und eine Verbreitung seiner Fotografien, die kaum mehr zu dokumentieren ist, geben ein beredtes Zeugnis dieser Leidenschaft, einer Leidenschaft übrigens, die nicht zuletzt auch durch die Sorge um den Erhalt dieser einzigartigen Naturlandschaft gespeist wird.

Willi Rolfes ist – und das belegen die Fotografien des neuen Fotobuches eindrucksvoll – in diesen Mooren zu Hause. Die Landschaft ist ihm vertraut, er weiß um die besten Torfmoosstandorte jeden Gebietes, kennt die Wollgrasbestände mit ihren doch für die Moorlandschaften so typischen, watteförmigen Fruchtständen, die sich so herrlich im Gleichklang im Winde wiegen. Wie kein Zweiter kennt er die Brutplätze der Kraniche und Goldregenpfeifer. Da letzterer fast ausgestorben ist, bedarf es viel Geduld ihn aufzusuchen und abzulichten.
So ist jedes Foto ein Appell zum Erhalt dieser Art. Die vom Meppener Journalisten Tobias Böckermann verfassten Begleittexte unterstützen informativ und einfühlsam die Bildsprache Willi Rolfes und ergänzen den Eindruck von der Einmaligkeit einer Landschaft, die schon fast vergessen schien.

Michael Haverkamp
Leiter des Emsland Moormuseums
in Geeste/Emsland

EINLEITUNG

Das Moor

Einst schienen die Moore Norddeutschlands ein Versprechen zu geben, das sie nicht halten konnten: Sie waren so groß und weit, dass das Auge kaum Halt fand am Horizont. Der Mensch im Moor schien frei – und doch war er an kaum einem anderen Ort von der Natur so gefangen wie hier.

Flirrende Hitze und klirrende Kälte – wabernde Morgennebel und stickige Mittagsglut: Lebendiges Moor zeigt viele Gesichter. Es zeigt sie schnell und sich selbst dabei launisch. Jeder Tag kann in der Frühe den Winter und am Mittag den Sommer bringen, so extrem schwanken die Temperaturen. Und der schwarze Morast birgt Gefahren. Denn dort, wo noch das Wasser alles bestimmt, wird jeder Schritt zum Abenteuer. Wer nicht aufpasst und die erprobten Pfade verlässt, der versinkt bis zur Hüfte oder bis zum Hals im Moor. Wer gar in eine der tiefsten Tiefen dieses Unlandes gerät, der endet verschlungen als Teil seiner zwölf Jahrtausende währenden Geschichte.

Das Moor war also nie ein Ort für unbeschwertes Leben. Im Gegenteil. Wer hier sein Dasein fristete, gehörte zu den Ärmsten – manchmal auch zu den Ausgestoßenen. So genannte Hexen und andere angeblich die Gesellschaft zersetzende Elemente ließ man oft nur noch hier leben, oder man brachte sie gerade hier um – die besonders im Mittelalter ausgeprägte Angst vor Widergängern schien sich durch das Versenken im alles verschluckenden Moor am besten bekämpfen zu lassen. Wer in späteren Jahrhunderten aus purer Armut ausharrte oder als Zweitgeborener den väterlichen Hof verließ, um im

Moor sein Glück zu versuchen, musste sich ganz und gar der Willkür einer seit Ewigkeiten ungezähmten Natur ergeben. „Den ersten der Tod, den zweiten die Not, den dritten das Brot": Jahrhunderte lang galt dieser Sinnspruch der Moorsiedler, die oftmals drei Generationen oder mehr benötigten, um auf der eigenen, mühsam entwässerten kleinen Scholle existieren zu können.

Heute hat der Mensch den meisten Mooren mit dem Wasser ihren Schauder entzogen – aber auch ihren Zauber. Das Leben in Bruch, Moos und Ried, wie dieser Lebensraum je nach Region auch genannt wird, ist dabei für den Menschen besser geworden – vielfach wurde menschliches Leben durch die Zerstörung des Moores überhaupt erst möglich.

Was aber ist ein Moor?

Nun – das kommt darauf an. Wissenschaftler haben folgende Definition aufgestellt: „Ein Moor ist eine Lagerstätte von Torf, also nicht komplett zersetzter organischer Substanz, mit einer Mächtigkeit von mindestens 30 Zentimetern." Das klingt einfach, aber die Unterschiede sind beträchtlich: es gibt Niedermoore und Hochmoore, Moore mit Kalk und Moore ohne Kalk, Zwischenmoore und Übergangsmoore. Bei aller Unterschiedlichkeit haben sie zwei einfache Gemeinsamkeiten: sehr viel Wasser und sehr wenig Sauerstoff.

Ihre Entstehung verdanken die Hoch- oder Regenmoore, um die es in diesem Buch hauptsächlich geht, der letzten Eiszeit. Als die Gletscher vor 12.000 Jahren abschmolzen, hinterließen sie in ganz Nordeuropa Vertiefungen, in denen das Schmelz-

und später das Regenwasser nicht abfließen konnte. In diesen offenen Gewässern lagerten sich Sedimente ab, Schilf und andere Röhrichtarten siedelten sich an. Die so genannten „Mudden" entwickelten sich. An der Oberfläche absterbende Pflanzen sanken unter Wasser. Weil hier Sauerstoff fehlte, wurden ihre Reste nur unvollständig zersetzt – Vertorfung begann. Auf Standorten, die noch Anschluss zum Grundwasser hatten, bildeten sich Niedermoore, die wegen ihrer eher flachen Form so genannt werden. Sie können mit der Zeit aus dem Grundwasser herauswachsen und zu Hochmooren werden. Wo von Anfang an kein Kontakt zum Grundwasser bestand, entstanden sofort Hochmoore.

Moos ist nicht gleich Moos

Gebildet wurden die Moore in der Hauptsache durch Torfmoose, von denen es allein in Mitteleuropa rund 50 verschiedene Arten gibt. Sie siedelten sich auf der immer feuchten Oberfläche an. Regenwasser mit seinen wenigen Nährsalzen und angewehter Staub reichen den wurzellosen Gebilden zum Wachsen. Torfmoose saugen sich mit Wasser voll, speichern bis zum 26fachen des eigenen Trockengewichtes. Gleichzeitig säuern sie ihr Lebenselixier auf einen pH-Wert zwischen drei und vier, indem sie Mineralstoffe aus dem Wasser aufnehmen und dafür

Moore wurden einst abgetorft, um Rohstoffe zu gewinnen. Inzwischen schreitet – dort wo noch ein Rest der alten Landschaft erhalten blieb –, die Renaturierung voran. Der Sommer färbt das Bentgras braun.

Wasserstoffionen ausscheiden. Was dem Nicht-chemiker suspekt erscheint, hat für die Landschaft prägende Qualitäten.

Torfmoose wachsen an der Oberfläche und sterben unter Wasser ab. Ihre toten Zellen sinken durch teebraunes Wasser auf den Boden und werden hier zu neuem Torf. Jedes Jahr entsteht im Durchschnitt nur ein einziger Millimeter davon. Fünf Meter Torf bedeuten also immer auch 5.000 Jahre Wachstum. Wenn Hochmoor lange genug wachsen kann, erhebt es sich wie ein Uhrglas über seine Umgebung.

Schwankendes Land

In Deutschland gab es einst rund 1,5 Millionen Hektar Moor, davon allein in Niedersachsen etwa 630.000 – unvorstellbar viel schwankendes, blubberndes, seufzendes Unland, das wie ein ausgeschüttetes Meer 13 Prozent der Landesfläche bedeckte. Ganz genau weiß das aber niemand – denn die Kultivierung der Niedermoore begann so früh, dass sie vorher kaum kartiert werden konnten. Größtes zusammenhängendes Hochmoor Mitteleuropas war das Bourtanger Moor in Westniedersachsen. Es bedeckte auf deutscher und holländischer Seite über 200.000 Hektar. Angesichts dieser unvorstellbaren Größe erscheint kaum verwunderlich, dass der Begriff „Moor" aus dem Niederdeutschen und damit aus dem moorreichen Norden der Republik stammt.

Heute werden nur noch 250.000 Hektar Niedersachsens als Moor oder dessen entwässertes Relikt bezeichnet – der Rest wurde so gründlich entfeuchtet, umgegraben und in Tüten verpackt, dass das Moor komplett verschwunden ist. Der Mensch hat den Torf verbrannt, als Filter genutzt und im Gartenbau verwendet. Vor allem aber hat er es in Äcker und Wiesen umgewandelt. 66 Prozent der noch erhaltenen 250.000 Hektar Moorboden werden noch heute land- und forstwirtschaftlich genutzt, zwölf Prozent befinden sich noch im Torfabbau, und weitere knapp unter 20 Prozent bestehen aus degeneriertem Hochmoor oder Wiedervernässungsflächen. Nur rund 4,8 Prozent, oder 12.000 Hektar, blieben als natürliche oder naturnahe Hochmoore erhalten. Eines der größten weitgehend intakten Relikte ist die 3.200 Hektar große Tinner und Staverner Dose im Emsland. Obwohl weit mehr Moore vernichtet wurden um landwirtschaftliche Flächen zu gewinnen als durch direkten Torfabbau, gilt Letzterer als Inbegriff der Moorzerstörung.

Merkwürdiges Leben

Auf all jenen kleinen Resten lebten und leben nur Spezialisten. Hier spielen sich Dramen ab, die eines Theaters würdig wären. List und Tücke scheinen im Spiel, wenn sich die Kreuzotter lautlos an Mäuse oder Moorfrösche heranschlängelt.
Ein giftiger schneller Biss lähmt die Beute, die noch fliehen darf. Für die Schlange hat das Einverleiben dann Zeit – sie ist sich der tödlichen Wirkung ihres Giftes sicher. Kreuzotter und Schlingnatter leben vor allem im Randbereich der Hochmoore und meiden wie die meisten Säugetiere den buckeligen, feuchten Kernbereich. In diesem wechseln sich Wasser und mit Torfmoosen gefüllte Schlenken (Vertiefungen) und kissenförmige Bulten (Kuppeln) ab.
Anpassen müssen sich alle, die an diesem Ort leben

Wasser ist das wichtigste Lebenselement im Moor. Bevor es aber auf ehemaligen Abtorfungsflächen wieder Wollgras und Torfmoos wachsen lässt, muss es unerwünschte Birken zum Absterben bringen.

wollen – an extreme Nährstoffarmut, ein saures Wassermilieu und permanente Feuchtigkeit.

Die Liste merkwürdiger Spezies ist lang – einige wenige seien hier bereits vorgestellt. Auf feuchtem Boden lebt zum Beispiel der Sonnentau – dessen Lebensweise Charles Darwin einst augenzwinkernd nicht ganz korrekt, aber dennoch treffend beschrieben hat. Er sei ein „sehr scharfsinniges Tier, dieses Sonnentaupflänzchen", befand der britische Naturforscher, der 1875 nach Versuchen an dieser bemerkenswerten Pflanze feststellte, dass Grünzeug manchmal Tiere frisst. Die drei heimischen Sonnentauarten haben ihre Blätter in Fangarme umgewandelt. Mit einem klebrigen, wie Morgentau glänzenden Sekret locken sie Insekten an. Wer hier Rast macht, landet zum letzten Mal. Um Fliegen, Mücken, Schmetterlinge und sogar Libellen rollen sich die rotgrünen Fangblätter, geben zersetzende Sekrete ab und verinnerlichen vor allem ihren Stickstoff, den der Sonnentau im Moor sonst nicht findet. Aus tierischem Leben wird so pflanzliches. Dem Menschen dienten die leimigen Tröpfchen lange als Medizin gegen allerlei Wehwehchen. Sogar Sommersprossen sollten sie entfernen können – was aber eindeutig ins Reich der Fabel gehört.

Trickreich lebt auch der Wasserschlauch. Diese Pflanze schwimmt ohne Wurzeln und Blätter im Moorwasser und lockt Nahrung mit Hilfe chemischer Lockstoffe oder algenähnlicher Sprosse an. Sobald Beute den Wasserschlauch berührt, öffnet die Pflanze die Klappe zu einer Fangblase und saugt die Nahrung per Unterdruck einfach ein. Im Pflanzenreich gibt es keine schnellere Bewegung als die der Wasserschlauchklappe.

Den wenigen am Moorrand lebenden Orchideen sagte der Mensch Magisches nach. Engelkes und Düvelkes – Engel und Teufel, nannte man die Knollen der Knabenkräuter, oder „Gotteshand un Düvelshand". Diese Orchideen bilden stets zwei Speicherorgane aus – eines für die aktuelle Pflanze, das zweite für den Nachfolger im kommenden Jahr. Beide Knollen ähneln der Form einer Hand. Nur ist die eine Knolle weiß, die andere dunkel bis schwarz.

Die Pflanzenwelt der Moore ist insgesamt nicht sehr artenreich – jedenfalls, wenn man sie mit einem Trockenrasen auf Kalkboden oder einem intakten Buchenwald vergleicht. Und sie ist derart stark spezialisiert, dass kein anderer Lebensraum Ersatz böte.

Von Birkhuhn und Kranich

Ähnliches gilt für die Tierwelt. Das Birkhuhn etwa, ein Bewohner von Heiden und Mooren, ist mitsamt seinem Lebensraum aus Niedersachsen weitgehend verschwunden. Auch einige spezialisierte Libellenarten haben sich rar gemacht, ebenso Sumpfohreule, Hochmoor-Perlmuttfalter oder die Kreuzotter. Der Kranich erlebt im Gegensatz zu vielen anderen Moor- und Sumpfbewohnern allerdings gerade eine Renaissance, er profitiert von der Wiedervernässung abgetorfter Moore.

Für den Südlichen Goldregenpfeifer dagegen scheint die Welt aus dem Lot geraten zu sein. Einst lebte er zahlreich in den nassen norddeutschen Weiten. Aber seit einigen Jahrzehnten brütet er störrisch nur noch auf entwässerten und von Maschinen gefrästen Torfböden. Seine paradoxe Lebensweise hat nur eine Hand voll Brutpaare des Goldregen-

Hier wird Geschichte gestapelt: Der Weißtorf ist Tausende von Jahren alt. Nach seiner Gewinnung ist er nur noch kurze Zeit von Nutzen – dann geht er wieder auf im Kreislauf der Natur.

pfeifers im Emsland überleben lassen.

Vielerorts verklungen ist auch das Flötenlied des Brachvogels, dem der Volksmund im Nordwesten ungezählte Namen wie „Tütenwölup" oder „Tutwelp" gab. An das Rattern einer Nähmaschine erinnert hingegen das Balzgehabe des Ziegenmelkers, eines Moor- und Heidevogels, der mit Ziegen so gar nichts am Hut hat. Auch der Kiebitz gab sein „Kiiiiiiieeeeeewitt" einst vor allem im Moor zum Besten, bevor er sich nach dessen Zerstörung auf Wiesen und Weiden zurückzog.

Spatenstich in die Geschichte

Neben der speziellen Tier- und Pflanzenwelt dienen Moore als Jahrtausende umfassende Archive. So überdauerten einige Dutzend Leichen die moorigen Ewigkeiten – abgeschnitten vom Sauerstoff und damit dem Lauf der Zeit. Manche waren verunglückt, andere wurden vermutlich ermordet und in ihr nasses Grab gestoßen. Eine der berühmtesten Moorleichen ist der „Rote Franz", der vor 1600 bis 1750 im Bourtanger Moor bei Meppen ums Leben gebracht und im Jahr 1900 entdeckt wurde.

Doch nicht nur Leichen geben der modernen Forschung Auskunft über vergangene Zeiten – gleiches gilt für einige gut erhaltene Bohlenwege.

Der Torf selbst lässt sich wie ein Geschichtsbuch lesen. Zwar findet man in ihm weder Schrift noch Bild und auch keine Verordnungen früherer Landesherrscher. Aber Reste von Bäumen, Büschen und Gräsern, vor allem aber die in riesiger Menge verwehten Blütenpollen der Vergangenheit blieben vom Verrottungswerk der Bakterien zum Teil verschont.

Jede Jahreszeit hat ihre Farbe. Der Herbst taucht das Moor noch einmal in sein goldenes Licht.

So können Wissenschaftler heute anhand der Reste von damals die urzeitlichen Pflanzenwelten rekonstruieren und so auch auf die Lebensbedingungen unserer Vorfahren zurückschauen. Auch haben Wissenschaftler Pollen urzeitlicher Getreidesorten identifiziert und so mehr über den Weg der Menschheit in die Gegenwart gelernt.

Ein Beispiel für die Bedeutung der Paläontologie ist das Blei. Seine Konzentration im Torf gibt in etwa auch den Bleigehalt der Atmosphäre zu jener Zeit wieder, als der Torf entstand. Deshalb weiß man heute, dass die Verhüttung von Eisenerzen in England schon vor 2.000 Jahren zu Luftverschmutzungen geführt hat.

Moorwetter und Klimafaktoren

Große Hochmoore wirken über ihr eigentliches Gebiet hinaus. Torf ist ein schlechter Wärmeleiter, weshalb die Tageswärme ihn bereits in einer Tiefe von 20 bis 30 Zentimetern ziemlich kalt lässt. Hochmoore haben deshalb niedrigere Durchschnittsemperaturen als ihre Umgebung. Einige Pflanzen-

arten, wie die Moosbeere oder das Rosmarin, die auf den kargen Böden und im rauen Klima der letzten Eiszeit verbreitet waren, haben sich deshalb bis heute in den Hochmooren gehalten.

Allerdings können Erwärmung und Abkühlung innerhalb eines Tages zu jeder Jahreszeit extreme Formen annehmen und riesige Kälte- oder Hitzeinseln entstehen lassen. Weil intakte Moorböden mit Wasser gesättigt sind, erwärmen sie sich zudem insgesamt viel langsamer als ihre Umgebung, im Herbst kühlen sie dagegen langsamer aus. So haben Moore neben der Funktion als riesiger Wasserspeicher auch Einfluss auf das Klima in ihrer unmittelbaren Umgebung und wirken ausgleichend. In niederschlagsreichen Jahren können sie so viel Wasser speichern, dass sie mehr als einen Meter „aufschwimmen". In der Folgezeit wird dieses Wasser dann langsam wieder abgegeben, unter anderem an die Atmosphäre, was direkte Auswirkungen auf Luftfeuchtigkeit und Wetter hat.

Moore beeinflussen also das Wetter in ihrer unmittelbaren Umgebung – das ist seit längerem bekannt. Seit ein paar Jahren rückt aber eine ganz andere, möglicherweise viel weiter reichende Eigenschaft in den Blickpunkt: Moore speichern Kohlendioxid, also jenes Gas, das unser Klima aufheizt. Das ist leicht nachzuvollziehen: Die nur unvollständig verrotteten Pflanzen haben zu Lebzeiten mit Hilfe der Photosynthese Kohlendioxid aus der Atmosphäre entnommen und zum Aufbau ihrer Zellen verwendet. Im Torf war dieses CO_2 so lange gespeichert, bis es durch Entwässerung und Nutzung der Moore wieder freigesetzt wurde und wird.

Schätzungen zufolge sind weltweit 550 Milliarden Tonnen Kohlenstoff in Mooren gespeichert. Pro Hektar entspricht das durchschnittlich 1.375 Tonnen. Das ist mehr als viermal so viel Kohlendioxid wie in Wäldern der gemäßigten Breiten pro Hektar gespeichert ist.

Die Deutsche Gesellschaft für Moor- und Torfkunde schätzt, dass die heutige Nutzung der Moore rund 2,8 Prozent des bundesdeutschen CO_2-Ausstoßes ausmacht, wobei davon wiederum der größte Teil aus der land- und forstwirtschaftlichen Nutzung ehemaliger Moore und nicht aus dem aktiven Torfabbau stammt. Zur Erklärung: Torf zersetzt sich unter Einfluss von Sauerstoff – auch dann, wenn entwässerte Moorböden für Ackerbau oder Aufforstung genutzt werden. Die Natur holt hier in wenigen Jahrzehnten das nach, was die besonderen Bedingungen im Moor Jahrtausende lang verhindert hatten. Eine wichtige Erkenntnis lautet: Intakte Moore können einen Beitrag dazu leisten, der Atmosphäre CO_2 zu entziehen – und zwar zwischen 1,2 und 2 Tonnen pro Hektar und Jahr. Bedeutender erscheint derzeit aber der Schutz der noch verbliebenen Moore – damit diese ihre immense CO_2-Fracht erst gar nicht an die Atmosphäre abgeben können.

Moorschutz in Deutschland

Wie also steht es um die Moore heute? Ihr ökologischer Wert ist inzwischen unbestritten. Neue Abbaugenehmigungen werden hierzulande nicht mehr erteilt, bestehende allerdings noch einige Jahrzehnte abgearbeitet. Zudem gibt es das Moorschutzprogramm der niedersächsischen Landesregierung.

Seit 1981 sorgt es dafür, dass die wenigen noch bestehenden Moore unter Schutz gestellt und systematisch große, abgetorfte Flächen wieder vernässt werden. Vielfach kehren erste Torfmoose recht schnell auf diese Flächen zurück und sorgen gemeinsam mit Wollgräsern zumindest optisch schon bald für eine Rückkehr alten Antlitzes. Allerdings wird es wohl noch Jahrzehnte dauern, bis ein solches wiedervernässtes Moor auch erkennbar zu wachsen beginnt.

Die neuen alten Moorflächen bieten dennoch schon heute einer Vielzahl der seltenen Bewohner wieder Lebensraum. Auch kommt nach einigen Jahren die Freisetzung von CO_2 zum Erliegen, was dem Klima nützt. Forscher arbeiten zudem daran, das Wachstum von Torfmoosen wirtschaftlich zu nutzen. Mit dem so genannten „Sphagnum Farming" könnte es in einigen Jahrzehnten gelingen, Torfmoose als Rohstoff für den Gartenbau zu nutzen, ohne Moore zu zerstören.

Eine Frage zum Schluss

Was also bleibt am Ende vom Moor? Zumindest in Deutschland ist noch etwas mehr übrig als nur die Erinnerung an einen unwirtlichen Lebensraum. Der Wert der Moore als Ort einer einzigartigen Lebensgemeinschaft ist erkannt, ebenso ihre Bedeutung für das Klima. In Zeiten ohne echte wirtschaftliche Not hat der Mensch nun auch die herbe Schönheit dieser ganz speziellen Feuchtgebiete schätzen gelernt. Vielerorts werden Moore deshalb geschützt oder wiederhergestellt, so weit es geht. Spät, aber vielleicht noch nicht zu spät.

Die Sumpfohreule – in den meisten Mooren Norddeutschlands ist sie nur noch ein Wintergast. Ihr Bestand ist im Binnenland über Jahrzehnte stark gesunken. 40 bis 70 Brutpaare leben vorwiegend auf den Ostfriesischen Inseln.

Frühling

Brachvogel und Goldregenpfeifer
beenden die winterkalte Stille.
Neuanfang im Moor.

*Wenn die Frühlingssonne
Ende März erste wärmende
Strahlen sendet, dann ist das
Leben im Moor auf dem Sprung.
Ein paar Tage noch, vielleicht
ein paar Wochen, und die
Natur wird zum Konzertsaal für
das sehnsüchtige Flöten von
Brachvogel und Goldregenpfeifer,
das Meckern der Bekassine
und das Trompeten des Kranichs.
Aus einer winterkalten Ödnis
wird die blubbernde Kulisse
für die Entstehung neuer Generationen. Anfang im Moor.*

Die Farben sind so spärlich wie der Bewuchs: Nach einem langen Winter bietet die Blüte des Wollgrases (links) erste Farbtupfer und lockt eine Nachteule an. Das Moor geizt noch mit seiner Schönheit.

Ende Februar kehren die ersten Kraniche zurück.
Ihr Tanz bot schon immer Stoff für Mythen und Legenden.
Viele Menschen empfinden das aufgeregte Bemühen
der Vögel umeinander als besonders anrührend – der Ruf
des Kranichs streichelt ihre Seele. Im April schreitet
der vielleicht anmutigste Bewohner des Moores zur Brut.
Sein Bestand hat in den vergangenen drei Jahrzehnten
stark zugenommen – auch dank der Moorrenaturierung.

Beide lieben es nass. Aber der Wasserfrosch
(links) balzt in hemmungsloser Lautstärke.
Der Moorfrosch (oben) dagegen liebt es zurück-
haltend still. Dafür wird er blau vor Liebe.

Mit der Abtorfung der Moore wechseln die Bewohner:
Während das Birkhuhn (links) vielerorts ausgestorben ist,
hat der Fasan Randbereiche und aus dem Moor entstandene
Kulturlandschaften erobert. Vorbei ist damit eines der
eindrucksvollsten Balzrituale, die das Moor zu bieten hatte.

Feuerrot leuchten die Augen des Schwarzhalstauchers. Der etwa blessrallengroße Vogel profitiert von der Wiedervernässung der Moore. Für Brut (links) und Jungenaufzucht (Mitte) finden sich in den flachen Gewässern gute Bedingungen.

Das Wort „Blau" stammt
vom althochdeutschen
„blao" ab und bedeutet
so viel wie schimmernd
und glänzend. Wer
den Frühling im Moor
genießt, ahnt warum.

Der Wind kann eine ganze Landschaft in Bewegung
versetzen. Die Fruchtstände der Wollgräser wippen dann
hin und her – dezent bis stürmisch.

Flüchtige Bekanntschaft: Ein Reh eilt durch ein Meer aus Wollgräsern.

Im Mai singen Vögel die Melodie der Moore: Rotschenkel (v.l.),
Uferschnepfe und Kiebitz tönen laut im Kampf um Revier und Partner.

Nach der Entwässerung ist aus Moor zunächst vielfach Grünland entstanden. Gab es keine Notwendigkeit zur Abtorfung, blieb es über Jahrzehnte erhalten und wurde zur Kinderstube für Reh, Bekassine, Brachvogel und Rotschenkel.

Ein Vogel auf dem Abstellgleis: Den Goldregenpfeifer gibt es in Europa in zwei Formen, einer nördlichen und einer südlichen. Während die nördliche Form in Skandinavien noch häufig vorkommt und im Winter als Gastvogel an die deutschen Küsten zieht, hat es sein südlicher Bruder schwer: Nur noch eine Hand voll Paare brüten in einem Moorkomplex im Emsland – rund um die Uhr bewacht von Forschern und Vogelschützern. Der Goldregenpfeifer bewohnt derzeit erstaunlicherweise hauptsächlich Abtorfungsflächen.

Während man seltenen Bewohnern wie dem Goldregenpfeifer kaum je einmal begegnen dürfte, lassen sich wiedervernässte Moore mit ihren Wollgräsern inzwischen am Rande vieler Naturlehrpfade in Augenschein nehmen.

Moore sind Orte der Stille. Der Genuss eines
Sonnenuntergangs könnte allerdings
durch Myriaden von Mücken getrübt werden.

Sommer

Es ist die Zeit der Jagd

für Sonnentau und Baumfalke.

Abends summen Mücken.

*D*er Sommer kommt spät ins Moor, und manchmal bringt er noch einmal „Schnee". Wenn nämlich das Wollgras in Massen fruchtet und seine weißen Flocken dem Wind anvertraut, dann liegt das Moor unter einem feinen weißen Teppich. Es ist die Zeit der Jagd: Der Sonnentau lockt erste Insekten auf seine Fangblätter, der Baumfalke schießt ihnen über der weiten Ebene schnell wie ein Pfeil hinterher. Abends summen Mücken.

Bei Sonnenaufgang prüft die Wespenspinne ihr Jagdglück. Sie ist
relativ neu im Norden, breitet sich seit Jahrzehnten von Südeuropa aus.

Tagesanbruch: Während der Rehbock in der Blattzeit schon auf Brautschau geht, muss der Hauhechel-Bläuling noch Lebenswärme auftanken.

Im Hochsommer macht die Heideblüte vor allem die Moorränder zu einem Erlebnisort: Hauhechel-Bläuling, Wespenspinne, Honigbiene und Schwarze Heidelibelle flattern, summen und schwirren durch das lila-pinkfarbene Blütenmeer. Alle sind auf der Suche nach Nahrung, allerdings jedes Tier auf seine Art.

Besenheide gilt als Leichentuch
des Moores, weil sie – von den Rändern
abgesehen, nur dort Fuß fassen
kann, wo dem Moor das Wasser
abgegraben wurde. Aber auch
sie steckt voller Leben, ist gesetzlich
geschützte Heimat von Schwarzer
Heidelibelle und Bläuling.

So viel Schönheit und
Eleganz erwartet man
eigentlich nicht im Moor.
Und doch lebt die Seerose
hier – allerdings vor allem
in den Niedermooren.
Es gibt aber auch kleinste
Hochmoore, in denen die
Weiße Seerose wächst.

Die Ringelnatter (l.) ist ein Bewohner der Niedermoore. Sie schlängelt sich behände durchs Wasser, stets auf der Jagd nach Amphibien. Die Zauneidechse (o.r.) bevorzugt den vergleichsweise warmen Moorrand und die Moorheiden.
Die Blindschleiche (u.r.) vereint gleich zwei Vorurteile auf sich: Sie ist aber weder blind noch eine Schlange. Vielmehr gehört sie zu den Echsen und besiedelt viele verschiedene Lebensräume – darunter auch teilentwässerte Moore.

Wenn am frühen Morgen die „blaue Stunde"
anbricht, ist den Libellen noch klamm
und kalt. Sie warten auf die ersten Sonnenstrahlen.

Der Mensch nutzt Hochmoore schon seit einigen Jahrhunderten. Dort wo er seine Arbeit noch nicht beendet hat, findet man heute verschiedene Formen der Landnutzung unmittelbar nebeneinander. Oben rechts befindet sich noch Hochmoorgrünland, direkt daneben wurden Wiedervernässungsflächen angelegt. Wo entwässertes Moor sich selbst überlassen bleibt, wachsen Birken auf (Mitte rechts). Und drumherum wird wie eh und je abgetorft.

Sonnenuntergang im Moor: an lauen Sommerabenden beginnt
der Ziegenmelker kurz vor der völligen Dunkelheit mit seinem seltsamen
Gehabe. Er flattert von Baum zu Baum und lässt seinen Ruf ertönen –
ein monotones, ab und an die Tonlage wechselndes Surren.
Um den Vogel ranken sich seit Jahrtausenden viele Mythen. Weil er
nachts mit weit geöffnetem Schlund in der Nähe von Weidevieh auf
Insektenjagd ging, verdächtigte man ihn des Milchraubes.

Viele Moore sind so weit entwässert worden, dass sie aus ihrem natürlichen Gleichgewicht geraten sind. Vor allem Birken machen sich auf den trockenen Flächen breit. Deshalb wird großflächig Landschaftspflege betrieben – mit vierbeinigen „Mähmaschinen", wie den Weißen Hornlosen Heidschnucken. Im Raum Diepholz werden sie wegen ihrer besonderen Eignung für feuchte Standorte als „Moorschnucken" vermarktet.

Herbst

Libellen huschen akrobatisch
über Bulten und Schlenken.
Nebel zieht auf.

*A*llmählich wird es stiller im Moor. Die Kiebitze sind schon seit ein paar Wochen verschwunden, auch der Ziegenmelker surrt nicht mehr. Dafür huschen allerlei Libellen akrobatisch über Bulten und Schlenken – sie leben seit mehr als 150 Millionen Jahren unverändert auf der Erde. Im Vergleich zu ihnen ist das Moor ein „Jungspund". Die Kraniche sammeln sich und schlagen gemeinsam mit nordischen Gänsen neue Töne an. Nebel zieht auf.

Geschichte lässt sich in gleichmäßige Stücke schneiden – jedenfalls im Moor.
Weißtorf wird bis heute in Soden gestochen und dann zum Trocknen
aufgeschichtet. Im Anschnitt darunter ist das Moor noch gut zu erkennen.
Für jeden Millimeter Wachstum hat die Natur ein Jahr benötigt.

Bis heute bedeutet Abtorfung harte Arbeit – trotz der
Hilfe ausgetüftelter Maschinen. Weißtorf wird vor
allem im Gartenbau verwendet, muss dafür allerdings
mit Mineralien und Dünger angereichert werden.

Das Umschichten der Torfsoden erfolgte stets in
Handarbeit – mancherorts bis in die Neuzeit.

Der Altweibersommer bringt den ersten Morgentau und überzieht Schnake,
Kreuzspinne und Schwarze Heidelibelle mit kalten Tröpfchen.

Ende September sammeln sich die ersten Kraniche,
um sich auf den bevorstehenden Zug gen Süden vorzubereiten.

Der Herbst taucht die Natur für ein paar Wochen in neue Farben.

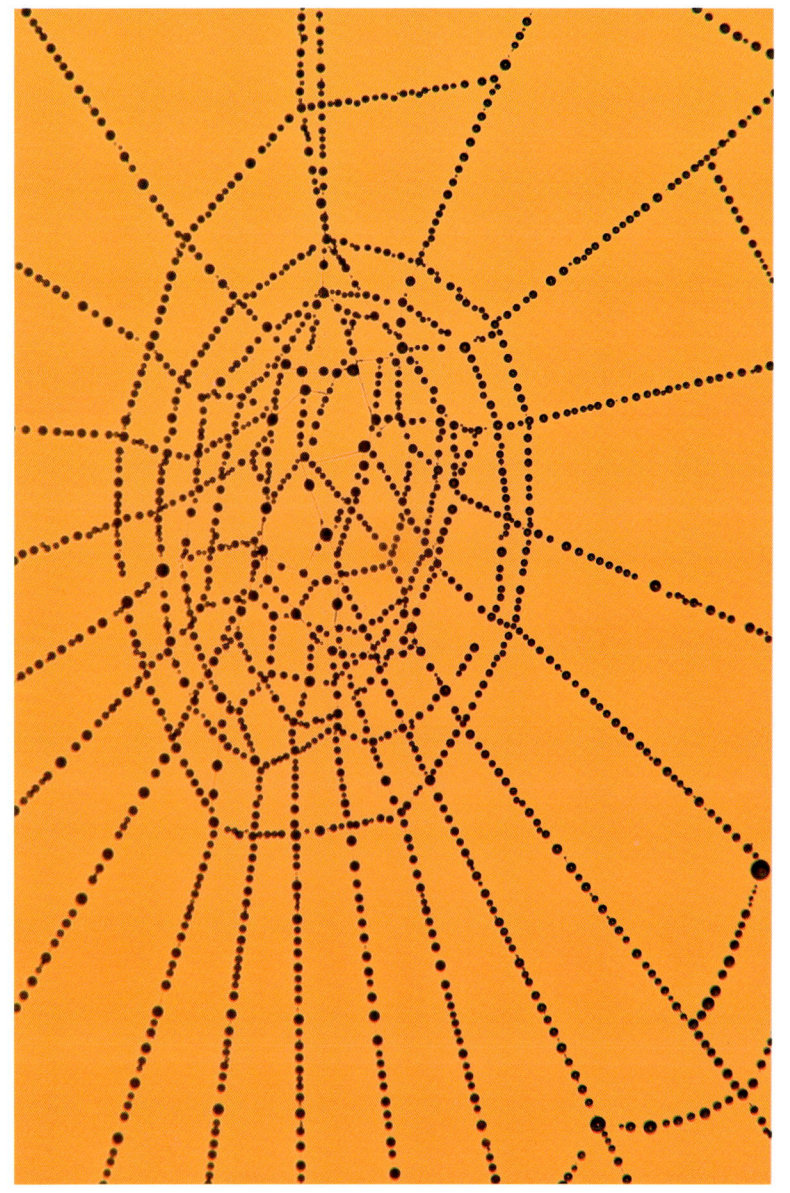

Ein letztes Durchatmen vor dem nahenden Winter.
Wer kann, macht noch vor der Kälte letzte Beute.

Mit dem ersten Frost kehrt Ruhe ein. In manch
einem Niedermoor pflegen die Menschen ein altes
Handwerk und schneiden Ried für ihre Dächer.

Das Moor gestaltet seine eigenen Kunstwerke – allerdings im Verbor-
genen. Nur wer sich darauf einlässt, erfährt durch diese einmalige Landschaft
Inspiration, etwa so wie die Künstler aus Worpswede, die sich vor
gut 100 Jahren am Rande des Teufelsmoores bei Bremen niederließen.

Diese Schönheit ist nur von kurzer Dauer. Raureif überzieht
schon früh im Herbst Blatt für Blatt, Netz für Netz.

Wer das Moor spüren will,
muss es im Herbst besuchen.
Wenn sich der Wind ins
Zeug legt, wechseln Licht-
stimmungen und Farben
im Minutentakt. Die Schatten
der wenigen Moorkiefern
werden nun lang und länger.

Die Tage werden kürzer. Mit den Singschwänen finden sich die ersten Wintergäste ein. Sie kommen aus Skandinavien und Russland nach Norddeutschland, um hier auf dem Weg nach Holland Zwischenstation zu machen. Manche bleiben aber auch den ganzen Winter.

Winter

Scharfer Wind weht den
Geruch von feuchter Erde fort.
Leben in Lauerstellung.

*Der Geruch von feuchter Erde,
der seit dem Frühjahr über der
Landschaft gelegen hat, ist der Kälte
gewichen. Winterregen füllt den
Wasserspeicher Moor jetzt Tropfen
für Tropfen wieder auf.
Wenn noch scharfer Wind über die
baumlose Ebene fegt, erscheinen
dem Menschen von heute alle Mühsal
und Plackerei seiner Vorfahren
ganz nahe. Erst tagelanger Winterfrost
verwandelt in manchen Jahren
glitschige Pfade in begehbares Land.
Leben in Lauerstellung.*

Birken sind im Moor nicht erwünscht – sie entziehen ihm das dringend
benötigte Wasser und sind in der Lage, ein gestörtes Hochmoor innerhalb
weniger Jahre in einen Bruchwald zu verwandeln.

Das Moor ist ein wichtiger Überwinterungsort für viele Zugvögel, etwa diese Blessgänse. Vielen Arten nützt es deshalb nichts, wenn nur ihre Brutgebiete in Skandinavien geschützt werden. Auch im Winter müssen sie ihren Platz finden können.

Wenn Raureif das Land überzieht, geht das Leben vieler Tiere auf Sparflamme weiter. Der Rotfuchs patrouilliert auf der Suche nach Beute.

Mit den ersten harten Nachtfrösten ziehen die Kraniche
weiter – zum Beispiel in die spanische Extremadura.

Strenge Strukturen und Formen – der Schnee macht sie auch in freier Natur sichtbar.

Die winterliche Vegetationsruhe hat zahlreiche
Künstler inspiriert. Der deutsche Dramatiker
Friedrich Hebbel (1813–1863) schrieb folgendes:

„Unendlich dehnt sie sich, die weiße Fläche,
bis auf den letzten Hauch von Leben leer;
die muntern Pulse stocken längst, die Bäche,
es regt sich selbst der kalte Wind nicht mehr."

Der Winter beerdigt die Reste
des vorangegangenen Lebens stilvoll:
Spektralfarben brechen sich im Eis.

Die Natur schafft Kunstwerke auf Zeit.
Schon der nächste Morgen, schon
ein paar Sonnenstrahlen, können sie für
immer verschwinden lassen.

Weite und Einsamkeit, dazu flache Gewässer:
Die Moore bieten ein sicheres Übernachtungsquartier.
Am Morgen brechen die Singschwäne auf,
um auf den Äckern der Umgebung nach Resten von
Mais, Raps und Kartoffeln zu suchen.

Einst schienen die Moore Norddeutschlands ein Versprechen zu geben, das sie nicht halten konnten: Sie waren so groß und weit, dass das Auge kaum Halt fand am Horizont. Mancherorts gibt es wieder diese Weite – dank der Moorrenaturierung.

Nachfolgende Doppelseite:

Der Ruf des Kranichs ertönt zunehmend den ganzen Winter. In der Diepholzer Moorniederung zieht ein Teil der Tiere oftmals gar nicht mehr weiter, sondern frisst sich auf Maisstoppeln durch.

Moormuseen, Informationszentren und Biologische Stationen:

Das Emsland Moormuseum in Geeste Groß Hesepe informiert in einer hochmodernen Ausstellungshalle und auf einem 30 Hektar großen Außengelände über das Moor. www.moormuseum.de

Moor- und Fehnmuseum Elisabethfehn (Cloppenburg) www.fehnmuseum.de

Moormuseum Moordorf Südbrookmerland bei Aurich www.moormuseum-moordorf.de

Torf- und Siedlungsmuseum Wiesmoor www.torf-und-siedlungsmuseum.de

Historischer Moorhof Augustendorf/Gnarrenburg www.kulturlandschaft.de/heimatverein-gnarrenburg.html

Natur- und Informationszentrum Goldenstedt www.niz-goldenstedt.de

Dümmer-Museum Lembruch: www.duemmer-museum.de

Bayerisches Moor- und Torfmuseum, Grassau www.torfbahnhof-rottau.de

Landesmuseum für Natur und Mensch, Oldenburg www.naturundmensch.de

Naturmuseum Lüneburg www.luene-info.de/naturmuseum/natur.html

Biologische Station Steinfurt www.biologische-station-st.de

Biologische Station Zwillbrocker Venn/Münsterland www.biologische-station-st.de

Biologische Station Osterholz/Bremen www.biologische-station-osterholz.de

Biologische Station Minden-Lübbecke e. V. www.biostation-ml.de

Naturparks:

Naturpark Moor

Der Internationale Naturpark Moor/Bargeveen umfasst 14.000 Hektar im Emsland, der Grafschaft Bentheim und in einem Teil der Niederlande. Hier können Besucher Moor erleben.

www.naturpark-moor.eu und www.bargerveen.info

Hohes Venn (Eifel) www.naturpark-hohesvenn-eifel.de

Rundtouren:

Pionierrouten

Eine ausgeschilderte Rundreise mit dem Auto durch das ehemalige Bourtanger Moor in Deutschland und den Niederlanden lässt sich über www.pionierrouten.eu erfahren.

Moorerlebnispfad Esterwegen

Ein 100 Kilometer langer Radwanderweg umrundet die 5.000 Hektar große Esterweger Dose im Nordwesten Niedersachsens. www.moorerlebnisroute.de

Moorlandschaften:

Diepholzer Moorniederung Informationen über Moor und Beobachtungsmöglichkeiten unter www.bund-dhm.de und www.wietingsmoor.de

Großes Torfmoor zwischen Osnabrück und Minden: www.moortalk.de

Hannoversche Moorgeest (5.500 ha) www.moorgeest.de

Moore in der Wesermarsch: www.weser-marsch-moor.de

Sonstiges:

Lernstandort Grafeld/Nds.: www.ruz-os-nordland.de/grafeld/index.html

DANKSAGUNG

Die Autoren Bedanken sich für das Vorwort und die kritische Durchsicht der Texte bei Dr. Michael Haverkamp und Franz-Josef Böckermann.

IMPRESSUM

Umwelthinweis:
Der Inhalt dieses Buches wurde auf Papier mit chlorfrei gebleichtem Zellstoff gedruckt. Das Einbandmaterial ist recyclebar.

Die Deutsche Bibliothek – CIP Einheitsaufnahme

Moor
Eine norddeutsche Landschaft
Willi Rolfes, Tobias Böckermann
Steinfurt; Tecklenborg Verlag, 2009
ISBN: 978-3-939172-45-1
1. Auflage 2009
© 2009 by Tecklenborg Verlag
Siemensstraße 4, D-48565 Steinfurt

Gesamtherstellung: Druckhaus Tecklenborg, Steinfurt

ISBN: 978-3-939172-45-1